「規制改革会議」

JA解体論への反論

—世界が認めた日本の総合JA—

農業経済学博士
福間莞爾 著

はじめに

本冊子は「規制改革会議」の協同組合否定・総合ＪＡ解体の考え方とその反論・総合ＪＡの意義をＪＡの役職員のみならず、国会議員、地方議員など広くＪＡのステークホルダーのみなさまにも知ってもらうためにまとめたものです。これまで、ＪＡと農水省は良しにつけ悪しきにつけ、二人三脚で農政を進めてきました。ところが今回、政府は農業の担い手・後継者不足、高齢化など農業不振の責任を一身にＪＡに負わせ、この解決のためと称して農協組織の改革案を示し、実行に移そうとしています。その内容は、ＪＡの存在そのものを否定する総合ＪＡの解体案です。

安倍政権はデフレ脱却・閉塞社会打開のため、競争一辺倒の社会づくりに腐心していますが、もう一方の助けあいの社会をどのように考えているのでしょうか。これまで、ＪＡは自らを助けあいの協同組合としてどうというより、農水省の意向を最優先して運営を進めてきました。それは、国の方針に従った方がＪＡにとって安全・得策と考えてきたからにほかなりません。

政府（農水省）からの系統だった総合ＪＡの解体案ははじめてのことで、ＪＡは改めて自らの頭で組織を考え直していかなければならず、そうした意味で今回、ＪＡおよびＪＡグループの本当の力が試されているといっていいでしょう。

政府は向う５か年間を農協改革集中推進期間としています。この期間中に政府の目論見がどの程度実現するかはわかりませんが、何ごとも出発点が大事です。政府提案が何を意味しているかをよく検討し、ＪＡグループとして適切に対応していくことが重要です。

とくに今回は、ＪＡグループ全体の意志の取りまとめ役であるＪＡ全中が自身の存立さえもが危うくなる「新制度への移行」を提案され、このためグループ全体が大きく揺らいでいます。ＪＡグループはできるだけ早く問題を共有し、統一意志のもとに政府対応を行っていくことが求められています。

議論は組織の自己防衛のものであってはならず、その大義は「わが国の農業振興と協同組合の役割」であり、焦点は、それを可能にする将来にわたっての「総合ＪＡのあり方」とそのもとでの「系統組織のあり方」です。

今回のＪＡ批判は、あまりにも協同組合否定・総合ＪＡ解体の考えがはっきりしており、格好の協同組合・ＪＡの教材にもなると思い、あえて「ＪＡ読本」としました。これにより、ＪＡに対する内外の理解が深まれば、筆者としては望外の喜びです。

なお、この問題に関するＪＡ役職員のみなさまへの全体理解の書として、近・拙著『新ＪＡ改革ガイドブック―自立ＪＡの確立』（全国共同出版刊）を参考にして頂ければ幸甚です。

平成26年12月

福　間　莞　爾

目　次

Part 1
「規制改革会議」のＪＡ改革

1．解体の意味とは
― ＪＡ組織のリストラ！

平成26年６月24日、政府は、総合ＪＡの解体計画書ともいえる「規制改革実施計画」（以下、「実施計画」）を閣議決定しました。今回のＪＡ批判は主務省たる農水省によって行われており、これまでのＪＡ批判とはいささか様相を異にします。

政府にとっての解体とは、今までの総合ＪＡの組織を打ちこわし、新しい組織につくり変えることを意味しています。では、なぜＪＡを新しい組織につくり変えなければならないか、その理由は簡単です。それは、ＪＡが信用・共済など収益部門の事業ばかりに力を入れ、本来の目的である農業振興に力を入れないから担い手や大規模農業者が育たないというものです。そこで、ＪＡから信用・共済事業を分離してＪＡを農業専門的運営につくり変えることでその目標を達成すべく、ＪＡ組織のリストラ（リストラクチャリング・再構築＝総合ＪＡの解体）を行なおうとしているのです。

「実施計画」では、「地域の農協が主役となり、それぞれの独自性を発揮して農業の成長産業化に全力投球できるように、抜本的に見直す」といっており、改革は農協潰しではないといっています。しかし、政府がめざすのは、ＪＡから信用・共済事業を切り離した農業専門的ＪＡであり、現在の総合ＪＡをバラバラに解体することです。

２．農政の行き詰まりの責任をＪＡに転嫁
― 総合ＪＡ解体がアベノミクスの標的に！

このようなＪＡ解体の理由は正しいものなのでしょうか。結論からいえば、ＪＡが本来の営農・経済事業に取り組んでいないから農業が振興せず担い手が育たないというのは間違っています。担い手が育たないのは十分な農業所得が得られないからであり、それは農業政策がうまくいかなかった結果によるものです。ガット・ウルグアイラウンド交渉でのコメの自由化や日豪EPAによる農産物の自由化交渉などの影響で農産物価格は下落し、農業経営は困難になっています。農業は楽をして儲けることができる簡単な職業ではありません。相次ぐ農産物の自由化や農家・農業者支援対策の後退で、多くの農家はやむを得ず兼業を余儀なくされＪＡを拠り所にしているのです。農業が振興せず担い手が育たないのはＪＡだけの責任ではありません。それを一方的にＪＡに押しつけるのは、政府の責任転嫁でありフェアーではありません。

また、アベノミクスで金融緩和、財政出動に続く第３の矢として成長戦略が位置づけられ、その一つが農業とされていますが、総合ＪＡを解体してＪＡを農業専門的運営にしたからといってそれが達成されるとは到底考えられません。ＪＡ解体の理由が課題解決の間違った方向である限り、ＪＡはこれを絶対に受け入れることはできないでしょう。

農業政策の失敗の責任をＪＡに押しつけ、総合ＪＡを解体して農業専門的ＪＡにしても、確実に農業専門的ＪＡは立ち行かなくなります。その時、農水省はだれを頼りに農業政策を展開しようとするのでしょうか。展望のない農業・農協政策の遂行は国を亡ぼすことになります。

３．地域・農業・農村のさらなる荒廃
― セーフティー・ネットの崩壊！

ＪＡを解体する理由が間違っているのであれば、その結果はさらなる地域・農業・農村の荒廃をもたらすだけです。日本には大きくは総合農協と専門農協がありますが、専門農協の多くは苦戦を強いられています。それは農業をめぐる状況が厳しすぎるからです。たとえば、かつての愛媛県のみかん専門農協は、柑橘の自由化で苦境に立たされ、相次いで総合ＪＡに吸収されています。ＪＡを農業専門的運営にしたとしても、大規模農家が育つわけではありません。否、専業農家が育たないから、農家はＪＡに結集しているのです。

政府がいうような農業専門的運営という間違った農業振興の方向は、ＪＡの解体を招き、人間社会とくに地域にとって必要不可欠な助けあいの組織（セーフティー・ネット）を地域から抹殺することになります。これはいかなる政治体制であっても許されることではありません。助けあいの組織がなくなれば、地域は限りなく荒廃が進むことになります。政府がいう「地域創生」などまったくの夢物語りになるばかりか、むしろこれに逆行することになります。

４．国際的に評価の高い日本の総合ＪＡ
― 総合ＪＡは日本の誇り！

政府が問題視している総合ＪＡは、実は国際的にみて大変高く評価されています。「協同組合原則」（巻末参考資料参照）は、国際協同組合同盟（ICA）が定めた協同組合運営についての基本的な取り決めですが、その第７原則に、「地域への係り（関与）」があります。この原則は、日本の総合ＪＡの取り組みがお手本とされています。総合ＪＡの取り組みが、グローバル・スタンダード（世界標準）としての協同組合原則のもとになっているのであり、日本政府はそのことに誇りを持つべきでしょう。日本の総合ＪＡは、ユネスコの無形文化遺産に登録された「和食」とともに世界に胸を張って自らの優位性を主張できる存在なのです。

注）１．協同組合の第７原則「地域への係り」は、「西暦2000年における協同組合」（レイドロー報告）がもとになっています。
２．在日アメリカ商工会議所による、イコールフィッティングの競争など様々な理由のもとに総合ＪＡを否定するいい分は、一方的に自国企業の利益のみを考えたまったく身勝手なもので、わが国はアメリカのいいなりになるべきではありません。

５．これまでのＪＡ改革の取り組み
― ＪＡ合併は協同活動の拠点づくり！

これまでＪＡグループは自ら改革に取り組んできました。その最たるものはＪＡ合併です。合併は行政の平成大合併に先んじて行われ、1985年に4,242あったＪＡは、2014年には694にまで減少しています。こうした合併は何のために行われたのでしょうか。それは単位ＪＡの体制整備にありました。

小規模ＪＡでは、農業振興のための施設整備ができず、優秀な職員を確保することができません。そこで将来を見越した合併がＪＡグループの総力を挙げて推進されたのです。また、合併と並行して行われたのは連合組織の組織整備でした。ＪＡ組織を従来の「ＪＡ ― 県連 ― 全国連」という３段階から「ＪＡ ― 連合組織」の２段階に切り替え、効率的な事業運営を行うことをめざしました。

このようにＪＡの組織整備は、単位ＪＡの体制整備を基本とし、そのうえで連合組織の整備・合理化をはかるものでした。それでは、なぜこのような形で組織整備を進めたのでしょうか。それはＪＡの諸活動が組合員の協同活動によって支えられており、組合員の協同活動を盛んにする単位ＪＡの体制整備こそがＪＡ運動の基本と考えられたからです。政府もまた、ＪＡが行う自主的な組織整備の取り組みを法整備などで後押ししてきました。

ところが、今回示された「規制改革会議」のＪＡ出資による株式会社化の方向は、これまでＪＡグループが進めてきた組織整備とは真逆の、全国連を本店とし、単位ＪＡを支店・代理店とするものです。こうした方向での改革は、組合員主体という協同組合組織の破壊を招き、ＪＡは現実の他企業との競争に敗れ存立ができなくなります。

何故をもって政府はこのような無謀な方向をとろうとするのでしょうか。ＪＡ組織をつくり変えるといっても、新しい姿が構築できなければそれは単にＪＡという助けあいの組織を地域から抹殺するだけの結果に終わります。自主的なＪＡ運営の取り組みを、権力をもって打ち壊すことは許されることではありません。

どうしても農業専門的農協が必要であれば、政府でそのような農協を育成すればいいのであって、折角ある総合ＪＡを解体する理由はありません。

（図）ＪＡ組織図

	経営指導・監査	経済事業	信用事業	共済事業
全国レベル	全国農業協同組合中央会(全中)	全国農業協同組合連合会(全農)	農林中央金庫	全国共済農業協同組合連合会(全共連)
都道府県レベル	都道府県農業協同組合中央会（県中）	経済農業協同組合連合会（経済連）	信用農業協同組合連合会（信連）	
市町村レベル	単位JA			

Part 2
「グランドデザイン」を斬る

1．組織改編の「仮説的グランドデザイン」とは
― 農業専門的ＪＡ・会社的運営方法への移行！

それでは、政府により提案されている組織改編の姿はどのようなものでしょうか。

政府によるＪＡの組織改編の「仮説的グランドデザイン」とは次の表のようなものです。（「規制改革実施計画」では農業分野について、農業委員会等の見直し、農地を保有できる農業生産法人の見直しについても述べていますが、ここでは農業協同組合について述べます）。

「仮説的グランドデザイン」とは、将来の一定の時期に必ずこのようにするということではなく、将来の望ましい姿を描き、政策誘導によってそれを実現していこうとするものです（今後５年間が農協改革集中推進期間）。古くから、国会などでＪＡの信用事業分離問題は議論されたことはありましたが、これほどはっきりした形でＪＡ組織のあり方が示されたのははじめてです。

ＪＡグループは、こうした組織改編の方向を正面から受け止め、徹底的に分析し、それが将来にわたって農家組合員の要望に応えられるものかどうか、真剣に議論していくことが

重要です。議論はＪＡの組織防衛ではなく、広く農業者・農家･消費者など国民的観点に立って行われることが必要です。

政府によるＪＡの組織改編の「仮説的グランドデザイン」

―「規制改革実施計画（平成26年６月24日閣議決定）」―

① ＪＡを農業専門的運営に転換する。

② ＪＡを営農・経済事業に全力をあげさせるため、将来的に信用・共済事業をＪＡから分離する。

③ 組織再編に当たっては、協同組合の運営から株式会社の運営方法を取り入れる。

ア．全農はＪＡ出資の株式会社に転換する。

イ．農林中金・共済連も同じくＪＡ出資の株式会社に転換する。

④ ＪＡ理事の過半を認定農業者・農産物販売や経営のプロとする。

⑤ 中央会制度について、ＪＡの自立を前提として、現行の制度から自律的な新制度へ移行する。

⑥ 准組合員の事業利用について、正組合員の事業利用との関係で一定のルールを導入する方向で検討する。

注）上記のまとめについては、筆者の解釈を含んでいます。例えば、「実施計画」では農業専門的運営への転換などという表現はしていませんが、これは問題を明らかにするための筆者流の解釈です。

以上が政府による組織改編のグランドデザインですが、この内容には大きく三つの論点が含まれていることが分かります。一つは、「将来にわたってのＪＡ組織のあり方」（①⑥）、二つは、「ＪＡの事業運営と組織のあり方」(②③④)、三つは、「国にとってのＪＡの役割」(⑤) です。

２．ＪＡ組織の将来展望①
―「農業」VS「農業＋地域」が論点！

「実施計画」では、直接ＪＡを農業専門的運営に転換するという表現は使っていませんが、こうした方向で総合ＪＡをつくり変えるというのが今回の政府の一貫した考え方です。この考え方は、後に述べる「ＪＡの運営と組織のあり方」(21頁) によってより明らかになってきます。

従来、研究者の間でＪＡに関して、「職能組合」と「地域組合」という二つの考え方があります。「職能組合論」は、ＪＡは農業者の利益実現のために存在するのでありそうした運営に特化すべきであるとの立場をとります。

こうした「職能組合論」に対して、「地域組合論」という考え方があります。「地域組合論」は、ＪＡは、農業振興はもちろんのこと、信用事業や共済事業などを通じて組合員の生活支援活動を行い、また高齢者福祉事業などによって地域貢献の役割を果たす存在であると考えます。

この二つの考え方に関し、政府が前者の「職能組合論」の立場に立つのに対して、ＪＡは直接的にどちらとはいっていませんが、実質的にいわゆる「地域組合」という立場に立っています。この立場の違いは、従前から続いていましたが、表面化しないまま今日まで来ました。ところが今回、政府がＪＡの職能組合的性格を全面に打ち出してきたため、両者の考え方の違いが顕在化してきました。その意味で今回のＪＡ

改編をめぐる争点は、基本的には「職能組合論」ＶＳ「地域組合論」いいかえれば、「農業」VS「農業＋地域」といっていいものです。

農水省は2001（平成13）年の農協法の改正で、第１条の法の目的に関して、ＪＡを農業振興の手段に位置づけました。また、同時に第１の事業を営農指導事業としました。この時から、農水省はＪＡを「職能組合」としてみる立場を鮮明にしています。後の「農協のあり方についての研究会報告」（平成15年３月）でもその方向を一層明確にしました。

こうした政府の動きに対して、ＪＡでは、すでに1997（平成９）年に「ＪＡ綱領」（次表）を制定し、ＪＡ運営の基本を定めています。「ＪＡ綱領」では、ＪＡは協同組合として行動し、その理念は「農を通じた豊かな地域社会の建設」であることを謳っています。これはＪＡの運営が、実質的に「地域組合」の方向であることを宣言しているといっていいものです。

しかし、「職能組合」や「地域組合」といっても、農業がその基盤になっていることには変わりがなく、ともに農業を抜きにしてＪＡを語ることはできません。その意味で、ＪＡが「地域組合」の立場に立つといっても、あくまでも「農業」協同組合として役割を果たすことなのです。

ＪＡ綱領 — わたしたちＪＡのめざすもの —

わたしたちＪＡの組合員・役職員は、協同組合運動の基本的な定義・価値・原則（自主、自立、参加、民主的運営、公正、連帯等）に基づき行動します。そして地球的視野に立って環境変化を見通し、組織・事業・経営の革新をはかります。さらに、地域・全国・世界の協同組合の仲間と連携し、より民主的で公正な社会の実現に努めます。

このため、わたしたちは次のことを通じ、農業と地域社会に根ざした組織としての社会的役割を誠実に果たします。

わたしたちは

1．地域の農業を振興し、わが国の食と緑と水を守ろう。

1．環境・文化・福祉への貢献を通じて、安心して暮らせる豊かな地域社会を築こう。

1．JA への積極的な参加と連帯によって、協同の成果を実現しよう。

1．自主・自立と民主的運営の基本に立ち、JA を健全に経営し信頼を高めよう。

1．協同の理念を学び実践を通じて、共に生きがいを追求しよう。

３．ＪＡ組織の将来展望②
― 展望の見えない農業専門的運営の方向！

ＪＡの将来を考える場合、農業は大切ですがどうしても農業振興だけを考えた姿を想定することができません。それは、農業振興だけで現実のＪＡ経営を描くことができないからです。ＪＡは信用・共済事業に力を入れており、本来の農業振興の仕事がおろそかになっているという指摘はあながち間違いではありませんが、ＪＡにはまたそうせざるを得ない事情があります。ＪＡにとって、営農指導事業は直接的には対価を生まないサービス事業であり、多くの場合、経済事業は収益を生む部門ではないからです。

それでも多くのＪＡでは、信用・共済事業の収益を営農・経済事業につぎ込んで農業振興の仕事に懸命に取り組んでいます。とくに、中山間地帯や都市化地帯といった農業不利地帯では信用・共済事業の収益によってかろうじて農業が支えられています。こうしたＪＡ経営の実態からは、ＪＡは将来にわたって「地域農村型の農業協同組合」を標榜していくのが現実的な姿といえるでしょう。現在の「食料・農業・農村基本法」も、「農業」だけでなく「食料」・「農村」がキーワードになっています。また、ＪＡはあくまでも農業を基盤とした協同組合であり、都市化地帯でのＪＡの目標は「農を通じた豊かな田園都市の建設」ということになります。信用・共済の比重が高いという理由だけでＪＡを信用組合など他組織へ転換することは避けられるべきです。

政府が主張する「職能組合」の考え方は、ＪＡは本来農業振興を目的としたものという極めてオーソドックスなものですが、それだけでは現実のＪＡ経営を展望することはできません。政府がいうように、現在の総合ＪＡを農業専門的運営にした場合、収益部門（信用・共済事業）をとられたＪＡはそのほとんどが立ち行かなくなることは確実です。

ちなみに、次期通常国会での農協法改正について、第１条の目的規定をさらに「職能組合」として明確にすることが検討されているようですが、もしそのようなことが事実であれば、農協法改正の最大の争点として国会で十分な審議が行われるべきであり、ＪＡおよびＪＡグループは、今から十分な理論武装をしておく必要があります。

仮に、第１条がさらなる「職能組合」として確定すれば、現在提案されている総合ＪＡの解体案がすべてにわたって正当化されることになり、ＪＡは確実に消滅の道をたどることになります。

４．准組合員問題
― 農業は農業者だけで支えられるものではない！

この問題について「実施計画」では、「准組合員の事業利用について正組合員の事業利用との関係で一定のルールを導入する方向で検討する」となっています。一方、「規制改革会議」では具体的に「准組合員の事業利用は正組合員の事業利用の二分の一に制限する」となっていました。

准組員合員制度は、第二次世界大戦後の農協法の成立過程で、戦後の農協の前身である産業組合（戦時は農業会）の組合員を引き継ぐにあたり、農家以外の組合員を農協に取り込むためにとられた措置でした。産業組合では現在のＪＡのように組合員の資格が農家に限定されず、だれでも組合員になれました。こうした事情から、農家以外の地域住民たる産業組合の組合員を農協の組合員にするため、准組合員という制度が生まれました。

戦後の農協法は、漁協･生協など専門性を旨とする業種別･目的別の協同組合の考えに立っておりＪＡにおける准組合員は、正組合員たる農家組合員に対して当初は例外的な存在と見られていました。ところが、准組合員はその後農家である正組合員が減少するのとは対照的に増加の一途をたどり、ついに2009年度において正組合員が477万５千人、准組合員が480万４千人となり、総体として准組合員の方が多くなりました（総合農協統計表より)。「実施計画」の准組合員に関するまとめの背景には、こうした事情があります。

「実施計画」での准組合員の取り扱いについては、中期的課題とされていますが、今後ＪＡとしてこの問題を避けて通ることはできそうにありません。准組合員の問題は、前述した将来的なＪＡの姿と不可分の関係にあります。従来、ＪＡではこの問題を取り上げると、議論は一挙に職能組合の考え方（総合ＪＡの否定）に向かって雪崩を打つという危機感から慎重にこの問題を避けてきました。しかし、准組合員の事業利用制限や否定など、この問題がさらに大きくなる前に、今後の准組合員のあり方を前向きに議論していく必要があります。

ＪＡでは、これまでも准組合員を事業利用だけでなく運営にも参加してもらう取り組みを進めてきていますが、さらに踏み込んだ方策の検討が必要と思われます。その方策の選択肢の一つとして、農業者の利益を守りつつ、准組合員に対して限定的に共益権を付与する方法が考えられます。
　准組合員への共益権の付与については、従来の農業振興は農業者だけで行うという偏った考え方から、農業振興は農業者だけでなく、広く地域住民の協力のもとに行われるべきものという意識の大転換が必要です。この意識の転換は、主務省たる農水省とＪＡの双方に求められるものです（下図）。

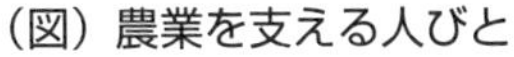
(図) 農業を支える人びと

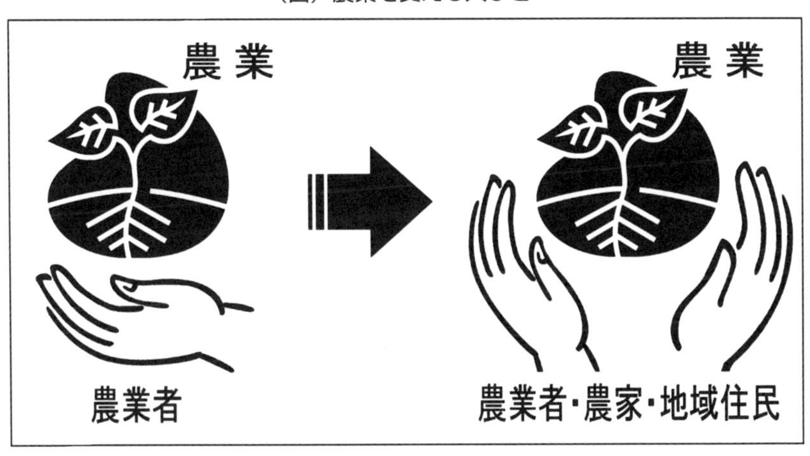

　農水省は無論のこと、ＪＡにも准組合員に共益権を与えれば「庇を貸して母屋を取られる」式の閉鎖的な考えがあり、相当の抵抗感があります。しかし、こうした意識の転換があってはじめて、准組合員へ共益権を与える糸口が見えてきます。従来のように、農業は農業者だけのもの、それも専業農業者だけのものという考え方に立ち、組合員資格も専業農業者だけのものというように狭く考えていく限り、准組合員問題を解決することはできず、農業・ＪＡは地域からますます孤立していくだけです。
　准組合員は、信用・共済事業の収益が経済事業の赤字補てんに使われていることを問題視してはいません。このことは意識的かどうかは別にして、結果的に准組合員自身が農業振興に貢献することを認めていることと考えていいのではないでしょうか。現状では准組合員からの共益権付与の要望は強くありませんが、ＪＡでは今後地域の農業振興について、准組合員との対話を積極的に行っていく必要があります。

注）１．共益権とは．組合の管理・運営に参画することを目的とした権利の総称で、次の権利のことをいいます。①議決権、②選挙権、③総会招集請求権、④役員改選（解任）請求権、⑤参事または会計主任の解任請求権（農協法研究会著『よくわかる農協法』全国共同出版2014年）。組合員の権利には、自益権（組合を利用する権利）と共益権があり、正組合員にはこの二つの権利が与えられていますが､准組員にはこのうちの自益権しか与えられていません。

２．准組合員への限定的な共益権の付与とは、正組合員に対する二分の一共益権の付与（総体として准組合員に対して、正組合員の二分の一の共益権を与えること）、また、准組合員に何らかの形で共益権を与えたうえで、重要決定事項について、正組合員に拒否権を与えることなどをいいます。

Part 3

中央会制度

1．「新たな制度への移行」の理由とは
― 中央会は総合ＪＡ存続の要！

中央会制度の問題は、2014年に入って降って湧いてきたように「規制改革会議」から提言されました。当初は中央会制度の廃止となっていましたが、与党の修正案を入れて政府の「実施計画」では「中央会制度から新たな制度への移行」となりました。安倍総理の「看板の掛け替えはしない」という発言により、今回のＪＡ批判の敵役（かたきやく）にされています。

中央会制度は、農協・連合会の経営危機に対処するため、1954（昭和29）年に農協法に位置づけられました。目的は組合の健全な発達であり、①組織・事業及び経営の指導、②監査、③教育及び情報の提供、④連絡・紛争の調停、⑤調査・研究、⑥行政庁への建議などの事業を行うことが規定されています（農協法73条）。

現時点（平成26年11月現在）で、中央会問題が次期通常国会での焦点にされつつあり、具体的な内容は、73条の中央会規定を削除し、中央会を一般社団法人に移行させようとするものです。

「新制度への移行」の表向きの理由は、ＪＡの自主性を妨げる全国一律の経営指導はもはや不要などとなっていますが、本当の理由はどこにあるのでしょうか。

中央会は、不正事件の防止・コンプライアンスの確立などについては一律の指導を行っていますが、支店重視の経営など、肝心な今後の経営政策の展開方向等の指導については、極めて不十分な状況にあります。にもかかわらず、政府が中央会潰しに躍起になるのはなぜでしょうか。それは、TPP交渉反対などの政治活動を抑えるためという理由のほかに、基本的には中央会が総合ＪＡの指導機関であることにあります。繰り返し述べるように、政府は農業の担い手確保や企業的農家の育成のためにはＪＡが農業専門的運営に転換することが必要で、協同組合による運営は非効率と考えています。

これに対して、ＪＡは総合事業を行うことで農業者･農家･地域住民など組合員の多様なニーズに応えており、その方法は協同の力によっています。このため、総合ＪＡを指導する中央会はあい入れない組織と考えられているのでしょう。しかし、ＪＡ運営に対する考え方が違うからといって、一方的にその存在まで否定することはどう見ても行き過ぎです。

現実に地域の農業振興の役割を担っているのは総合ＪＡであり、その指導機関たる中央会は、国の良きパートナーとして引き続き農協法上に位置づけることでお互いに農業振興のあり方を模索していくことが重要でしょう。全国中小企業団体中央会や日本商工会議所、全国農業会議所など国にとって重要な組織は、いずれも中央会と同じ特殊民間法人とされています。

2．不可欠な農協法上の措置
― 中央会の無力化は総合ＪＡの分割・衰退へ！

ＪＡグループの「自己改革具体策」では中央会について、その機能を①経営相談・監査機能、②代表機能、③総合調整機能に集約し、農協法上に位置づけることを求めています。農協法上に位置づける方法は、引き続き73条に位置づける方法と、ＪＡの二次組織として指導連にする方法が考えられます。このうち、73条に位置づける方法は、安倍総理はじめ官邸の強い意向もあり、極めて厳しい対応が迫られています。

いずれにしても、今後の焦点は中央会制度を農協法上に位置づけるかどうかにあります。なかでも、中央会事業の根幹をなす中央会監査の法的措置は欠かすことができません。中央会監査は本来、公認会計士監査と違う協同組合監査としての独自性を持っており、協同組合たるＪＡ運営にとって大変重要な役割を持っています。

「実施計画」をまとめる際､与党の自民党案をつくった「新農政における農協の役割に関するプロジェクトチーム」の森山裕座長は、「（中央会は）農協法に基づいて役割を果たしていくという考え方だ」と明言しており、公明党も同様の考え方を取っています。

政府提案は、全農、農林中金、全共連といったＪＡの主要組織の命運を左右する内容だけに、それぞれがまずは自らの組織のことを第一義に考えています。それはそれとしてやむを得ないことでもありますが、それにしても「今回は中央会だけの問題で終わるのだろう」という雰囲気が出ていることはまことに由々しき問題です。一般社団法人化で中央会の無力化が進めば、結局は、総合ＪＡはバラバラに解体されてしまいます。

そうなればＪＡグループ全体が存立できなくなります。一般社団法人になっても自らの力で指導力を発揮すればいいだろうという突き放した意見もありますが、中央会が一般社団法人になれば、その後のＪＡ改編についての行政指導の力に抗するには多くの困難がともなうことになるでしょう。中央会問題は総合ＪＡの問題であることをしっかり認識して、ＪＡグループ一丸となって中央会制度を守るための運動をより一層強化していくべきです。

Part 4

ＪＡの運営と組織の全体像

１．全体像の内容
― ＪＡの事業・組織運営の優位性を否定！

ＪＡ運営と組織のあり方については、ＪＡから信用・共済事業を分離し、将来的に経済・信用・共済事業すべてについてＪＡ出資の株式会社に移行させようとしています。それは、現在のボトムアップの協同組合的事業・組織運営からトップダウン式の会社的事業・組織運営への転換をめざすものです。

注）「実施計画」では、ＪＡがつくる会社をＪＡ出資の株式会社としかいっていません。従前はＪＡが株式の過半を有し実質的に支配する会社を協同会社といっていましたが、今回の提案ではそれさえもはっきりしません。現状ではＪＡ全額出資の会社のように思えますが、株式会社になれば、国内外を問わずＪＡ以外の株主が増えていくことは必然でしょう。それがＪＡの株式会社化の目的だからです。

その内容を図式化すれば次図のようになります。要点は次の二つです。

① ＪＡは農業専門的運営に特化し、経済・信用・共済各事業会社の持ち株協同組合とする。

② ＪＡ出資の株式会社は、全農・農林中金・全共連を本社とするピラミッド型の全国一社の組織となり、ＪＡの事業は事業別に分断される。この場合、ＪＡは主に販売

機能を除き本社の支店・代理店の役割しか持たない。

ＪＡ出資の株式会社の内容は、「実施計画」では必ずしも明らかにされていません。このため、会社化は全農、農林中金、共済連のことであり、会社化されてもＪＡとの間の仕事のやり方は独禁法の適用除外の扱いがどうなるかという問題はあるものの、従来通りで変わらないと受け止める向きもあります。しかし、それでは会社化する意味はほとんどありません。ＪＡ出資の会社化の本質はＪＡの組織活動と事業活動を分離することであり、究極的にはＪＡは出資金を管理する持ち株組合となり、事業はすべてＪＡ出資の株式会社が行うという姿が想定されます。「実施計画」でいう、経済界との連携などのために会社化が必要ということであれば、全農等

（図）事業と組織の分離 ― ＪＡ出資会社における事業とＪＡのイメージ

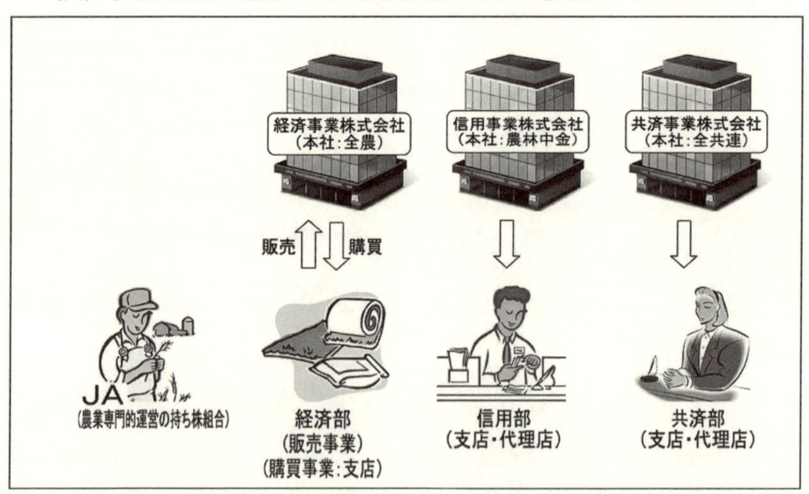

注）１．「規制改革実施計画」の内容をもとに筆者が解釈を加えたものです。
２．矢印の方向は Plan・Do・See の方向を示しています。
３．「計画」では、各株式会社の本社は全農・農林中金・全共連といっていませんが、趣旨からすれば当然そうなります。

はすでに自らの子会社（協同会社等）をつくってこれに対応しています。

2．協同組合と会社組織の違い
― 協同組合の優位性とは！

こうした協同組合的な事業・組織運営から会社的な事業・組織運営への転換について、「規制改革実施計画」では、その方が組合員サービスの向上になり競争力強化になるとしていますが果たしてそうでしょうか。二つの観点から見てみます。

一つは、協同組合と会社の組織の仕組みはもともと違うという点です。ＪＡは協同組合として人の組織であり、会社のように資本の最大化をめざす組織ではありません。この結果、両者の事業・組織形態は違います。次の図で見るように、会社は不特定多数の人を対象に事業を行い、組織は本店中心の上意下達の仕組みが一般的です（頭が一つの脊椎動物型組織）。

（図）企業（会社）とJAとの組織形態の違い

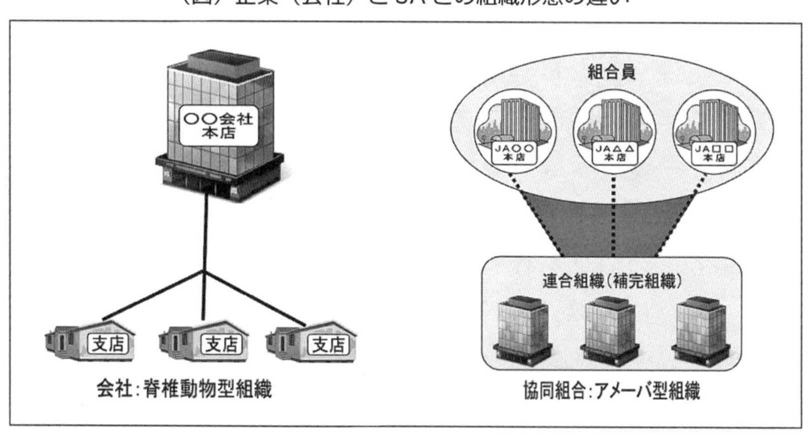

これに対してＪＡは組合員という特定の人を対象に事業を行い、ボトムアップの組織運営を行います（頭が多数のアメーバ型組織）。ＪＡの場合、ＪＡが組織する連合組織は、会社組織では本店になりますが、ＪＡでは補完組織でしかありません。

二つの組織形態を見てどちらが優れているのかは一概にはいえません。協同組合には協同組合の、会社には会社の良さがあり、それぞれの組織はその良さを生かして社会に貢献しています。両者を比べた場合、一般的には会社組織の方が合理的な組織と考えられていますが、実態を見れば必ずしもそうとは限らず協同組合は会社組織に対して優るとも劣らない優位性を持っています。とくにJAおよびJAグループは、組合員を基礎に置くJA ― 連合組織という事実上全国一つの協同組合組織をつくり上げており、経営学の世界的権威Ｐ・ドラッカーがいう「連邦分権制」の概念をさえ超える存在といっていいでしょう（ドラッカーの連邦分権制の本店はあくまで組織の中央にあります）。

国際的に見ても、2008年のリーマンショックによる世界的な金融・経済危機に際して、地域経済に根ざす協同組合は独自の力を示し、バブル経済の影響を最小限に抑え経済システムに安定性をもたらしました。国連は協同組合の役割を評価して2012年を国際協同組合年にしました。また、わが国においてもリーマンショックにより農林中央金庫が１兆9000億円という多額の資本不足に陥った際、単位ＪＡが後配出資という方法でその窮地を救いました。

ＪＡを会社的運営にしようとする今回の提案は、こうした協同組合の組織運営の良さを削ぎ、将来的に協同組合を会社組織に転換させる危険性を持つものです。現在、ＪＡの株式の譲渡制限が必要との認識になっていますが、本来、株式は利益を求めて組織を超えて自由に動き回る性質を持つものです。協同組合たるＪＡに株式会社的方法を取り入れれば、いずれＪＡ所有の株式は会社組織や場合によっては外国企業の手に落ちることも十分想定できます。そうなるとＪＡはもはや協同組合ではなくなります。

人間社会は人間の本性（Human Nature）たる競争・助けあい・自己保全の三つの要素で運営されており、競争は会社組織が、助けあいは協同組合が、自己保全は政府組織が担っています。健全な社会はこの三つの要素の微妙なバランスのもとに形成されます。いくら閉塞社会を打破するといって競争だけを奨励すれば、多くの人々に不幸をもたらすことになります。ＪＡは、助けあいたる自らの組織の社会的意義を考えれば、協同組合を否定するような今回の政府案を受け入れることは到底できないでしょう。

３．ＪＡと会社の組織運営の違い
― ＪＡ独自の組織の運営方法とは！

もう一つの観点はＪＡと会社の組織運営の違いです。あらゆる組織は自らの組織運営の中核能力（コア・コンピタンス）と優位性によって厳しい競争社会に立ち向かっていきます。協同組合たるＪＡ組織の優位性は、組合員の協同活動が組織運営の根底にあることです。組合員の協同活動とは、ＪＡにおける生産部会や生活部会、青年部や女性部などの様々な活動を意味します。また、ＪＡは経済事業とともに信用・共済事業などの兼営ができる総合事業の形態（総合事業）が許されており、経済事業を中心に各事業が連携を持って運営されています。

このような組合員の「協同活動と事業活動の連携・連動」と「事業間の連携・連動」はＪＡ独自の組織の運営方法です。かりに、ＪＡが政府提案のような組織に変質すれば、こうした独自の運営方法が発揮できなくなり、致命的な打撃を受け経営が成り立たなくなります。協同組合が法律で規定されていることでＪＡは存在していますが、それはＪＡ存在の必要条件であって十分条件ではありません。いくら法律でＪＡの存在が認められていても実際の運営が困難になり、ＪＡがこの世に存在しなくなれば何の意味もありません。こうした意味からも、今回の政府提案は受け入れることはできないのです。また、このような組織・事業形態にした場合、ＪＡは政府がいうような、肝心な農業振興を担う営農・経済事業について十分な活動・機能発揮ができるのでしょうか。いくら組織いじりをしても有力専業農業者が結集しなければ、農業専門的運営は成り立たつはずがありません。ＪＡの現在の農家組合員は、ほとんどが稲作中心の兼業農家というのが実態です。

Part 5

経済事業

1．株式会社転換法の意味とは
― 直ちに反対の意思表示を！

政府は、平成27年１月に予定されている通常国会に、全農が株式会社に転換できる法案を提出するとしています。「実施計画」では、株式会社転換の理由を、「全農・経済連が経済界との連携を連携先と対等の組織体制のもとで、迅速かつ自由に行えるよう、農協出資の株式会社に転換することを可能とするために必要な法律上の措置を講じる」とあり、これを実行するというわけです。

この転換法はどのような意味を持っているのでしょうか。今の法律でも全農が株式会社になろうとすれば総会で自らの解散決議を行い、新たにＪＡ出資の株式会社をつくればいいだけの話で、そもそも転換法などつくる意味はありません。それでも転換法をつくるのはいうまでもなく、行政の力でＪＡの経済事業を会社的運営にしようとするものです。

これはＪＡが望んでもいないのに､勝手に法案をつくって、強引にその方向に向かわせようとするもので、協同組合の自主・自立の精神を踏みにじるものです。

全農の株式会社転換法についての農水省の説明は、「今回のＪＡ改革の焦点は中央会制度であり、転換法ができたからといってそれはＪＡの自由選択だから問題はない」という極めて不可解なものです。この説明は、ＪＡグループ関係者には、「今回は中央会問題が焦点だから何も心配はいらない」という一種の安心感を与えるものになっています。だとすれば、そのようなどうでもいい法律をどうして提出しようとしているのでしょうか。

わざわざ法案を出すというのはそれなりの意味があると理解するのが常識的な判断でしょう。転換法が成立すれば、法があるのになぜ株式会社にしないのかという行政指導が執拗に行われるのは当然として、その後の、農林中金・共済連の株式会社転換法に道を開くことになります。

そうなれば、信用・共済事業は、経営の健全性を理由に事業譲渡や株式会社への転換が強要されることになるでしょう。とくに信用事業は、「預金者保護」という大義名分が掲げられ、事業譲渡を進めながら時期をみて一気に農林中金の株式会社転換が意図されるとみていいでしょう。このように考えれば、全農の株式会社転換法を一過性のもとして軽視するのではなく、総合ＪＡ解体の一環としてとらえて対応していくことが重要です。

全農の株式会社化の問題は、一人全農だけの問題ではありません。少なくともＪＡおよびＪＡグループは、全農の株式会社化・株式会社転換法が持つ危険な意味を共有し、できるだけ早く内外に断固反対の意思表示を行うべきです。ＪＡグループの「自己改革具体策」では、この問題は引き続き検討となっていますが、反対の意思表示が遅れれば遅れるほど事態は悪くなります。

2．株式会社化の意味とは①
― ＪＡにとって余計なお世話！

このような重大な問題を持つのが全農の株式会社転換法ですが、全農の株式会社化とは一体どのような意味を持つのか、この機会にＪＡとしてよく考えておくことが重要です。そこでこの問題を、二つの側面から考えてみます。

第一には、そもそも協同組合と会社は別の原理・原則で動いているという認識の欠如です。「規制改革会議」では、全農は資材価格が高い、販売努力が足りないことを理由に株式会社への転換をはやし立てますが、この議論は根本的に間違っています。全農の資材価格が高ければ、組合員は購買品を買わなければいいし、農産物が高く売れなければ全農に出荷しなければいいのであり、そうしたことが続けば全農はその事業分野で他企業との競争に敗れ事業継続が難しくなります。ただそれだけのことです。

今の時代、ＪＡが強制力をもって組合員に販売や購買を強要することはできません。にもかかわらず何故をもって全農は株式会社に転換しなければならないのでしょうか。まったくもって余計なお世話というべきです。協同組合と会社は、もともと違う制度設計のもとにつくられており、どちらが優れているかの比較検討の対象にはなじみません。

協同組合組織と会社組織が互いに自らの存在を認め合い主張すべきは主張し、それぞれの良さを取り入れ、欠点を補強することによってこそ組合員もしくは顧客のニーズに応えることができます。

３．株式会社化の意味とは②
― 他人事ではない会社化！

第二にはこの問題が何を意味しているかということです。

ＪＡからは､「全農は非効率だから株式会社になってもよい｣､「全農の株式会社化のことは全農のことでＪＡには関係がない｣､「会社になってもＪＡ出資の会社だからＪＡが会社をコントロールできるのではないか」などという、まったく他人事で見当違いの楽観論が出されています。

「全農の会社化はＪＡと関係がない」というのは、完全な思い違いです。政府提案は全農に代わる全国一社の全農商事会社をイメージしており、ＪＡは販売事業を除いて単なる全農という商事会社の持ち株組合になるということです。ＪＡに関係がないどころか、ＪＡの購買事業は、全農を本社とする全国一社の商事会社のもとに展開されるということになり、Plan・Do・See という経営の基本は全農株式会社（本社）に移ります。当然、ＪＡのヒト・モノ・カネの経営資源も全国一社の全農株式会社のものとなります。ＪＡ職員は、全農株式会社への身分移籍か出向ということになります。

こうした全国一社の株式会社化の方向は、全農に限らず、農林中金や共済連にも共通するものです。このような組織形態にした場合、ＪＡ出資の会社だからといってＪＡが全農株式会社をコントロールすることは不可能です。それどころか、ＪＡが行う肝心な組合員の協同活動を否定し協同組合の優位性を削ぎ落すのが全農の会社化の目的なのです。

ＪＡが支配する全国一社の株式会社を想定するのは何やら魅力的のように思われますが、協同組合というやり方で今日の地位を築いてきたＪＡは会社化によってそのすべてを失うことになることは確実です。ＪＡおよびＪＡグループは、すでに事実上、会社組織に対抗する組合員を主人公にした、「ＪＡ ― 連合組織」という「全国一つの協同組合組織体」をつくりあげており、その組織運営の優位性を発揮してこそ、助けあいの社会的存在としての役割を果たすことができます。

ＪＡは本来すべての事業機能を持っており、合理的な機能分担を行う組織として二次組織（補完組織）としての連合会を組織しています（23頁図参照）。会社化によって連合組織がＪＡを支配するようにすることは本末転倒です。また会社化によって、全国のＪＡの経済事業の赤字を背負うことになる全農株式会社は経営が火ダルマとなり、多くの事業取扱分野で撤退を余儀なくされることになります。組合員がそのようなことを望んでいるとは到底思えません（経済事業の場合、取扱品目が多様で、かつ流通経路も複雑であるところから、会社経営による全国一社の組織運営が現実にワークするのかという別の問題もあります）。

さらに、会社化にあたって、独占禁止法適用除外の問題が話題になりますが、これは当面、基本的な問題ではありません。全農・農林中金・共済連などが全国一社経営になれば、ＪＡと連合組織の間での独禁法適用除外の問題はなくなり、全国会社と組合員の問題となります。仮に、ねらい通りに全国一社経営が実現すれば、政府はＪＡ出資の株式会社は協同組合と変わらないという理屈をつけて、全国会社と組合員の関係を独禁法の適用除外にするでしょう。もちろんその先には、協同組合といえども、会社なのだから独禁法の適用除外をはずせという世論が待ち受けていることになることは容易に想像できます。

また、こうした株式会社化の方向が経済事業を行っている全農から検討されていることにも注目すべきです。肥料・農薬・飼料・燃料・農業機械・生活用品など多様な品目を扱う経済事業は、信用・共済事業に比べてＪＡと連合組織の間の機能分担が複雑で労働条件も異なります。こうした事情を反映して全農にはすでに100社を超える協同会社（全農が過半の株式を持つ子会社）があります。

そこで、政府は会社化の検討を全農からはじめ、これを手はじめとして、機能分担が簡単な農林中金・共済連に一挙に広げていく作戦のようです。前述のように、政府の考え方は、実は全農の会社化のことはさておき、敵は本能寺、つまりＪＡからの信用・共済事業の分離・会社化こそが本当のねらいとみていいのではないでしょうか。そうした意味でも、全農の株式会社転換法は直ちに撤回を求めていくことが重要です。

注）現在全農が持つ子会社の機能強化・合理化の問題は、全農自体のホールディングの問題として考えられるべきであって、基本的にＪＡとのタテ統合としてとらえられるべきではありません。

Part 6

信用・共済事業

1．信用・共済事業の分離について
― 専門性の誤謬と収益部門の切り捨て！

政府提案のように、ＪＡの事業を事業別の全国一社経営にすれば、当然ＪＡの信用・共済事業は経済事業から分離されます。信用・共済事業が分離されればＪＡは経営が成り立たなくなり、確実に崩壊します。現在のＪＡ経営は、平均的に見れば営農指導・経済事業の赤字を信用・共済事業の収益で補てんすることで成り立っています。

また、単位ＪＡは組合員の協同活動をもとに、経済事業を中心に信用・共済事業など他の事業が有機的に結びつくことで成り立っています。事業別の全国一社経営はそれぞれの事業の効率化を招き、その方が利用者のためになるという考え方は、一面で当たっていますが、もう一方で「専門性の誤謬」ともいうべき決定的な誤りを引き起こします。

政府は、「信用・共済事業の収益を経済事業の赤字補てんに充てることを問題視しているわけではない、それぞれの事業を効率化して農業振興に充てればいいのではないか」という認識のようですが、これは完全に間違った一般論でしょう。株式会社化によって、単位ＪＡの段階で組合員の協同活動ができなくなり、各事業の連携が取れなくなれば、ＪＡ事業は先細りになることは確実です。信用・共済事業会社からの赤字補てんをあてにすることなど夢のまた夢です。

現に郵政事業は郵便・郵貯・簡保の三分割により、郵便配達のついでに貯金や保険を集めるという卓越したビジネスモデルを破壊され、この結果郵貯はピーク時に比べて90兆円近く貯金残高を減らしました。これがＪＡであれば、そのほとんどが倒産状態になるでしょう。

農林中金・全共連を本店、単位ＪＡをその支店・代理店にしてＪＡの信用・共済事業の負担を軽くし営農・経済事業に注心させ農業振興をはかるなどの説明が行われていますが、そのような発想はどこから出てくるのでしょうか、まるで理解ができません。農林中金は貯金が90兆円を超え、共済連は300兆円におよぶ長期共済保有高を誇るいずれも全国有数のビッグ企業ですが、これはＪＡが組合員の協同活動をもとに、経済事業を中心とした総合事業として日々事業努力を重ねてきた結果です。ＪＡを農林中金・全共連の支店・代理店にするなどという安易な考えでこうした実績を上げることができないことなどだれが考えても明らかです。このような見当違いのことをやれば、信用・共済事業の急落を招き、営農・経済事業の支援どころかＪＡ経営そのものが成り立たなくなります。系統の信用事業を全国一つの金融機関とみなすJAバンクシステムは、JA信用事業の支援・補完システムとして機能することではじめて意義ある存在なのです。

2．信用事業の事業譲渡について
― 事業譲渡はアリの一穴！

以上のような信用・共済事業分離の発想のもとに進められているのが、ＪＡ信用事業の農林中金・信連への事業譲渡です。「実施計画」では、ＪＡの経済事業の機能強化と役割・責任の最適化をはかる観点から、また信用事業に関して不要なリスクや事務負担の軽減をはかるため、ＪＡバンク法に規定されている方式（ＪＡ信用事業の農林中金・信連への事業譲渡）の活用推進をはかるとしています。あわせて農林中金・信連は、事業譲渡を行うＪＡに対して農林中金・信連の支店・代理店を設置する場合の事業のやり方およびＪＡに支払う手数料等の水準を早急に示すとしています。

そもそも事業譲渡とは、事業譲渡する側が譲渡先に対して、資産・負債等の財産および一切の経営権を譲り渡すものであり、譲渡する側がよほど窮地に陥るか、よほど好条件を得るかの究極の選択を行う場合に限られます。このことを考えれば、現状の経営状況から、ＪＡが事業譲渡する理由はまったく考えられません。したがって、事業譲渡をさせる理由は別にあります。

その理由は、前述のように、信用事業に関して不要なリスクや事務負担の軽減を行うことによって、ＪＡの経済事業の強化をはかるというものです。しかし、そのようなことで農業振興がはかられるはずはなく、収益部門をとられたＪＡは破たんの窮地に立たされるだけです。

信用事業の事業譲渡は、2001（平成13）年のＪＡバンク法によって決められたものです。この法律が決められた際の事業譲渡は、ＪＡの例外的な経営不振対策の一環として考えられたもので、少なくとも今回のような組織再編を前提としたものではありません。それがいつの間にか将来の信用事業分離・株式会社化の方向をめざす対策の有力な手段にすり替えられています。

また、事業譲渡を行うのは今のところＪＡの選択制になっており、それも貸し出などの事業ごと、もしくは支店単位などで行うとしていますが、いずれその先には、貯金量○○円以下は強制的に事業譲渡させる外形標準が取り入れられるだろうことは想像に難くありません。事業譲渡を受ける方の農林中金・信連からみれば、ＪＡの都合の悪い部分だけ事業譲渡を受ければ、自らの経営が困難になるからであり、このような理屈はだれにでもわかることです。

外形標準が設けられる際には、ＪＡバンクシステムは金融機関として預金者保護が重要という大義名分が声高に唱えられ、ＪＡは事業譲渡せざるを得ない立場に追い込まれていくことになります。そこにはＪＡの信用事業が協同組合金融であるという発想などどこにもありません。こうした背景には、協同組合は遅れた組織であるという偏見がありますが、系統信用事業は本来、組合員による協同組合金融として独自の領域・役割を持っており、前にも述べたようにリーマンショックなどの金融危機に優れた対応能力を持っています。

ＪＡ信用事業の農林中金・信連への事業譲渡は、ＪＡが地域に根ざした協同組合であり総合事業体であることを根底から否定する考えに立つものです。ＪＡは自らが地域密着の協同組合組織であることを自覚して、経営不振対策としては、これまで連合組織への事業譲渡（タテの統合）ではなく、合併というヨコの統合を進めてきました。したがって、ＪＡはどのような些細なことでも安易にこの道を選択するべきではありません。「そこまでいうなら、とりあえず面倒なこの部分は事業譲渡しておけ」といったＪＡの自立心のないいいとこ取りの経営姿勢は自らの墓穴を掘ることになります。ＪＡおよびＪＡグループは、組織再編のための事業譲渡はＪＡとしてとるべき道ではないことを内外にきっぱりと表明すべきです。

（付）理事会の見直し
― 破たんしたら行政は責任を取るのか！

「実施計画」では、理事会の見直しも提案しています。それは、「農業者のニーズへの対応、経営ノウハウの活用及びメンバーの多様性の確保を図るため、理事の過半は認定農業者及び農産物販売や経営のプロとする」というものです。あわせて理事への若い世代や女性の登用を謳っています。

このうち、「理事への若い世代や女性の登用」は当然のことであり、ＪＡではこの取り組みが着々と進められています。問題は「理事の過半は認定農業者及び農産物販売や経営のプロとする」という指摘です。これは、経営の自主性を侵害するもので、協同組合たるＪＡだけでなく、およそあらゆる組織にとって許されることではありません。ＪＡは法律にしたがって民主的な方法で理事を選んでいます。こうした手続きを排して、行政の方から一方的に強制的な措置を講じようとするのは、およそ民主主義国家とはいえず許されません。第一、認定農業者はともかく、「農産物販売や経営のプロ」というのは、何をもってそう定義するのか判然としません。

ＪＡ経営者の役割は、「組合員の悩みを協同の力で解決していく」ことであり、会社経営者とは事情が異なります。ＪＡは地域密着の協同組合であり、経営者は事業革新能力に加えて協同の力、つまり地域の人々の力をまとめていく能力が求められます。いくら販売のプロや経営のプロを選んでも、地域の意見をまとめることができなければ現実のＪＡ経営はワークしません。

もちろん、ＪＡも経営体である以上、他企業と同じように事業革新能力をもつ経営者が必要ですが、それはあくまでもＪＡでの民主的手続きによって行われるべきものです。その結果、事業革新能力が不足すると思えば、常勤理事体制の強化・各種委員会の設置などあらゆる方法でその是正をはかるべきは当然のことです。ＪＡにおける民主的手続きを排して強権をもって理事を選出しても実際の経営体として機能しなければ意味がありませんし、場合によっては逆に経営悪化を招きます。その際、経営悪化の責任を行政がとってくれるのでしょうか（過去に外部から経営のプロを入れた結果、ＪＡが多大の損害を被った例を忘れるべきではないでしょう）。こういう理事が望ましいといったガイドラインはともかく、行政の強制力をもってそのようなことをすれば、農業振興どころか地域社会の混乱ひいては経営の破たんをもたらします。

また、それ以前に、信用・共済事業を農林中金・共済連の支店・代理店にされ、収益部門を失った農業専門的ＪＡの経営は、どのような敏腕経営者をもってしても継続が不可能でしょう。いま少し現実を見据えた、整合性を持った提案をして欲しいものです。

Part 7

ＪＡ改革の争点

今まで政府提案のＪＡ改革の意味について考えてきましたが、その争点を改めて集約してみれば、次の三点になります。

1．農業専門的運営ＪＡか総合ＪＡか
― 政府提案の最大の争点！

今回のＪＡ批判の対立の構図は、実は「農業（農業専門的運営ＪＡ)」VS「農業＋地域（総合ＪＡ)」にあります。政府によるＪＡ批判の内容は、農業振興を強調するあまり、あまりにも反協同組合的で総合ＪＡ解体の考えがはっきりしています。

多くの人が考えるように、農業は国の基本であり、農業振興なくして国の健全な発展はありえません。しかし残念ながら、農業は現実の経済運営の中では軽視され衰退の一途をたどっています。相次ぐ農産物貿易の自由化や農業支援対策の後退で農業経営はますます困難になってきており、担い手としての農業者が育たない状況に陥っています。農業は農業者まして専業農業者だけで存在することはむずかしく、兼業農家や地域住民などの協力のもとに行われています。このため、ＪＡは農業専門的運営だけでは農業振興のための機能が果たせず、信用・共済事業を兼営する総合ＪＡの形で農業・地域

振興の役割を果たす組織として存在しています。

一方、政府がいうように、総合ＪＡを解体して農業専門的運営にした場合、専業農家が育つのであれば、それはそれでいいのですが、そうした運営で専業農家が育つとは考えられず、逆に将来展望を見失ったＪＡは確実に経営困難となり、立ち行かなくなります。そうなれば、地域における助けあい組織は壊滅状況となり、農業・農村は際限なく衰退して行きます。その意味で、次期通常国会での最大の争点は、ＪＡの将来のあり方として、非現実的で展望のない農業専門的運営ＪＡの道をとるのか、現実的で可能性のある総合ＪＡの道をとるのかの選択にあるといっていいでしょう。

２．協同組合的運営か会社的運営か
― 協同組合は人間の本性！

ＪＡは何よりも協同組合です。協同組合とは、助けあいという人間の本性（Human Nature）に基づく組織です。世の中には政府組織、会社組織、協同組合組織の三つの組織が存在しますが、政府組織は自己保全（安全に暮らしたい）という人間の本性、会社組織は競争という人間の本性、協同組合は助けあいという人間の本性によってつくられています。

このうち、政府組織（官僚組織）ができたのが最も古く、紀元前から存在します。これに対して会社組織ができたのは1602年（オランダ東インド会社の設立）、協同組合組織ができたのは産業革命後の資本主義経済が発達した1844年（ロッチデール公正先駆者組合の設立）のことでした。

今日、世界の協同組合を組織するICA（国際協同組合同盟）

は、国連に登録されているNGO（Nongovernmental Organization：非政府組織・民間の自発的公益団体）のうち最大の組織で、国際赤十字に次ぐ古い組織となっており、2011年３月末現在、ICAには93カ国、247組織が加盟し、組合員は約10億人を超えています。また、協同組合運営の基本となる国際的な取り決めが、世界標準の「協同組合原則」（巻末参考資料参照）として定められています。

政府提案では、協同組合は非効率な組織として排除され、競争原理のみが強調されています。バブル崩壊後の長期にわたる閉塞社会の中で、活気のある経済を取り戻すには、一層の競争社会をつくり上げることが必要との考えです。しかし、いくら競争心を煽り立てても、もう一方の助けあいの精神を無視するわけにはいきません。助けあいが人間の持つ本性だからです。ICAのグリーン会長も「今回の日本政府の改革案は協同組合原則に反している」と訴えています。

このような認識に立てば、政府はもっと助けあいの協同組合の力を借りるべきです。前述の三つの組織は、経済的・社会的に公共のサービス、私益のサービス、共益のサービスを提供しています。公共のサービスは税金で、私益のサービスは企業利益で、共益のサービスはお互いの助けあいの力によってもたらされます。都市型災害の阪神淡路大震災では生協が、農・漁村型災害の東日本大震災ではJAと漁協がその対応と復興に大きな力を発揮しました。

経済停滞の中で、税収や大企業は別にして企業利益に多くを期待できないなか、協同組合の助けあいの力は大きな力を発揮します。政府は「地方創生」など地域社会の活性化のために、ＪＡや漁協、生協など協同組合の力をもっと活用することを考えるべきです。競争心と助けあいという人間の本性の良きバランスのもとでこそ、良き社会が実現します。

協同組合は、メンバー（組合員）が持つ悩みを、助けあいの協同の力で解決していく組織です。ＪＡも協同組合であり、組合員（農業者・農家・地域住民）が持つ様々な悩みを組合員の協同の力で解決すべく活動を行っています。ＪＡの非営利組織としての性格づけは、「組合は、その行う事業によって、その組合員及び会員のために最大の奉仕をすることを目的とし、営利を目的としてその事業を行ってはならない」（法８条）と明記されています。

次期通常国会で、この規定の改定・削除が予定されていますが、何故をもって改正する必要があるのでしょうか。この規定は、人間の本性である崇高な助けあい・奉仕の精神を謳ったもので協同組合運営の根本規定であることを忘れるべきではありません。

3．農業政策の対象は専業農家か多様な農業者か
― 農業はほとんどが家族農業！

農業問題は、発達した資本主義社会の中で共通の国民的課題になっています。日本だけが農業問題を抱えているわけではありません。そのことは、もとをただせば今日の文明社会をつくった産業革命にあります。18世紀の後半から始まった産業革命は、基本的には工業分野の革命でした。

周知のように、産業革命はそれまでの家内制手工業から工場制機械工業への転換によって大きな生産力を生み出し今日の文明社会を築き上げました。この転換を可能にしたのは、

アダム・スミスのいう分業であり、分業を可能とする輸送動力としての蒸気機関の発明でした。

この分業による生産力の発展は工業分野におけるものであり、生命産業である農業は分業による生産が不可能で、いまだ家内制手工業の段階にとどまったままで生業という性格を持っており、ここに産業としての農業の特性があります。日本だけでなく諸外国の例を見ても、農業経営の多くは家族農業であることがそのことを物語っています。農業はこのような産業的な特性を持っており工業と同列に考えることはできません。その証拠に、先進資本主義国での農業生産はいずれの国でも国民総生産の数パーセントを占めるにすぎません。

「農業は産業として自立せよ」という声は、日本の高度経済成長期からいわれ始めました。閉塞経済が定着した今、アベノミクスの第3の矢として、産業としての自立どころかそれを通り越して成長産業として喧伝されています。しかし、農業政策は、あくまでも生業としての性格を強く併せ持つ産業的特性を踏まえたものでなければなりません。政府がいう農業・農村の所得倍増計画は所得の概念さえはっきりしないもので、多くの人が現実離れのイメージ戦略だと思っていますが、代替策がないためか何となくその言葉に酔わされているのが現状です。

政府がこのような政策を打ち出し、ＪＡとしてもその政策実現に向けて知恵を絞るとしても、このような危うい政策の実現について、ＪＡに責任を負わせることまで考えるのは酷というものです。まして、そうした農業政策の推進に、総合ＪＡはふさわしくないから解体するというのはどう考えても納得がいくものではありません。

農業が持つ産業的特性を考えれば、産業としての自立とか成長産業というのは相当に割り引いて考えなければなりません。生業としての特性を持つ農業は、とりわけ土地利用型農業の分野においては、経営の優位性は農地面積の大きさによって決まり、耕地面積の小さいわが国では農業者の努力には限界があります。工業製品を輸出し農産物を輸入する貿易（工業）立国を標榜するわが国では、農業の振興には国境措置や財政措置が欠かせません。農家に対する補助金は、食料供給を担う地域農業・農家への農業支援の奨励金と位置づけるべきものです。

大規模農業や資本集約的農業の確立により、国際競争力をつけ輸出拡大につなげる努力も必要ですが、一方で農地のほとんどが中山間地で水田稲作中心の生産構造を持つわが国農業の体質を変えることは容易ではありません。それにもともと、自然相手の農業は基本的に土着的なもので地域社会と不可分の関係にあり、地域やそこに住む人々とともに存在するものです。農業への企業参入もいいのですが、それが資産としての農地取得が目的であったり、業績不振ですぐに撤退ということでは、地域社会の破壊を招きます。

農業の産業としての確立には安定して暮らせる農業所得の確保が前提ですが、そのためには地域の持続的発展を前提に、ＪＡと政府が一体となった努力が必要です。

国の農業政策は農業所得確保のため、専業農業者育成に急傾斜していますが、実際の農業は専業農業者だけでなく地域の多様な農業者によって支えられており、農業政策はそうした観点を踏まえて行われるべきは当然です。

Part 8

総合ＪＡとは

日本の総合ＪＡは、組合員数が1000万人におよび、事業取扱高を考慮すればわが国最大の協同組合といっていいでしょう。総合事業については他企業とのイコールフィッテイングの観点から非難の声がありますが、総合ＪＡは日本の稲作文化の象徴・体現者として、また農村社会のセーフティー・ネットとして国体維持の観点からも重要な役割を果たしています。その存在と役割は広く国民的立場からも議論されるべきです。

経済事業のほか、信用・共済事業などの事業を行うことができる総合ＪＡの形態は、日本のみならず世界的に見てもまれな存在です。アジアでは韓国、台湾などが総合農協の形をとっていますが、これは戦前両国が日本の統治下にあった影響によるものです。総合事業の形態（信用事業の兼営）は古く、ＪＡの前身である産業組合法の第一次改正（1906年）から始まり、戦後の農協法でも継続されています。総合JAは、わが国の風土に適した100年を超える優れたビジネスモデルなのです。

組織は何らかの意義がなければ、社会で存在できません。総合事業を営むＪＡの社会的、経済的な存在意義は、次のように考えられます。

１．農業振興への取り組み
― 赤字を負担しているＪＡ！

一つは、農業振興への取り組みです。稲作経営が主体であるわが国の農業振興・営農活動に取り組むには、経済事業をはじめ、信用・共済事業など各種事業の一体的な取り組みが欠かせません。一方、農業情勢の厳しさから、多くのＪＡでは、農業振興のための経済事業は赤字を余儀なくされており、赤字は信用・共済事業の収益で補てんされています。

通常営利企業は、採算確立の難しい営農指導・経済事業のような事業には手を出しません。毎年、全国で1,000億円を超えるＪＡの営農指導事業の経費を負担し、地域農業振興の下支えの役割を果たすのは、信用・共済事業を兼営するＪＡ以外に考えられません。

とくに、都市部や中山間地帯の営農不利地帯では、信用・共済事業の収益補てんがなければ農業の存立は困難です。もちろん農業関連事業で黒字のＪＡもありますが、それはよほど農業をめぐる条件が良いＪＡに限られます。

２．地域振興への取り組み
― 地域創生・活性化に貢献！

二つは、地域振興への取り組みです。ＪＡは農業振興をはじめとして様々な地域振興の事業に取り組んでいます。ＪＡが行う地域振興の取り組みは、営農・経済事業、高齢者福祉事業、資産管理事業など様々です。このような事業に取り組むことによって、組合員はじめ地域住民に奉仕し、かつ地域の雇用を生み出すという地域振興の役割を果たしています。

3．食と農の架け橋
— 食と農の相互理解！

三つは、食と農の架け橋の効果です。ＪＡの主な構成者である兼業農家は、農業者であると同時に生活者としての側面を持ちます。さらに、准組合員の人たちは、その多くが生活者そのものです。総合事業が可能ということは、農業振興と地域振興を融合した事業展開ができるということであり、組合員の立場からすれば、農業者と生活者の両方の立場からＪＡの存在を見ることができることを意味します。つまり、ＪＡはそれ自体で、いま重要となっている食と農の架け橋の役割を果たすことができます。

4．範囲の経済性
— 合理的運営！

四つは、範囲の経済性による効果です。ＪＡが行う経済・信用・共済などの各種事業を、それぞれ別々の協同組合で行うことになれば、事業を行うための管理費（物財費、役職員人件費など）はそれぞれの組合で負担することになります。総合ＪＡとして、これらの事業を一括管理すれば、共通管理費を大幅に削減することができます。

5．経営面での相乗効果
— 安定経営に貢献！

五つは、ＪＡの経営面への相乗効果です。ＪＡは営農・生活などの指導事業を行い、各種事業を兼営することによって事業全体に相乗効果をもたらすことができます。なかでも、物を扱う経済事業はＪＡ事業の中核事業であり、ＪＡは指導事業をともなう農業振興などの経済事業に力を入れることによって、信用･共済事業などの事業に対して相乗効果を生み、経営の安定効果を持つことができます。

６．組合員への一体的対応
― レイドロー博士も絶賛！

そして、最後にＪＡは、総合事業を営むことによって、組合員に対して各種事業を活用し、一体的に対応ができるという大きな特徴を持つことができます。企業におけるマーケティングの目標は、顧客の生涯価値の実現といわれています。ＪＡは総合事業を行うことによって、その気になれば組合員の生涯価値の実現、つまり「揺りかごから墓場まで」の組合員のお世話をすることが可能です。このように、総合事業により､組合員の立場に立った事業展開ができるということは、人を大切にする協同組合にとって誠に好ましいことです。Ａ･レイドロー博士が日本の総合ＪＡの仕組みに驚嘆し、その取り組みを絶賛したのも、日本の総合ＪＡの姿が、協同組合のあるべき姿として好ましいものであると感じたからにほかなりません。

Part 9

ＪＡからのメッセージ

1．ＪＡグループの自己改革
— 自主・自立のＪＡ運動！

政府から提案された総合ＪＡ解体案に対して、ＪＡグループは「農業者の所得増大、農業生産の拡大、地域の活性化の実現」と題する「自己改革具体策」を発表しました（平成26年11月６日）。

その内容は、①基本的な考え方～自主・自立の協同組合としての自己改革、②農業と地域のために全力を尽くす、③組合員の多様なニーズに応える事業方式への転換を加速する、④担い手の育成を強化する、⑤JAの執行体制「ガバナンス」を強化する、⑥連合会によるJAへの支援・補完機能を強化する、⑦生まれ変わる「新たな中央会」、⑧５年間を自己改革集中期間として実践一となっています。

詳細は、原文を見て頂くことにして、重要なのはＪＡ運営の将来にわたっての考え方です。前に述べたように、ＪＡは自らの組織運営の基本を「ＪＡ綱領」として定めています。その「ＪＡ綱領」で謳っているＪＡの経営理念は、ＪＡの総合力を発揮した「農を通じた豊かな地域社会の建設」です。

今回の「自己改革具体策」は、こうしたＪＡの経営理念を体現したものであり、「規制改革会議」がいうような農業専門的運営といった狭い考えには立っていません。また、そうした理念の実現は、あくまでも自主・自立の協同組合としての自己改革で行うとしています。

ＪＡの性格づけについてのＪＡと農水省の考え方の違いは、９頁（Part2「グランドデザイン」を斬る ― ２．ＪＡ組織の将来展望① ―「農業」VS「農業＋地域」が論点！）で述べた通りです。

農水省は、2001年の農協法改正以来、ＪＡの役割を農業振興一筋に向かわせる職能組合化の方向を取ってきました。これに対して、ＪＡおよびＪＡグループは、農水省の農業専門的運営の指導に従いつつ、現実的には多様な組合員のニーズに対応した活動、つまり「地域組合」的立場に立って活動を展開してきました。

そうした両者のＪＡに対する考え方の相違は、今回のＪＡの自己改革案でも解消されてはいません。このように農業振興におけるＪＡの役割の理解について、ＪＡおよびＪＡグループと主務省との間に考え方の隔たりがあるのは極めて不幸なことであり、今後、国会審議等あらゆる場を通じて粘り強く両者の溝を縮めていくことが重要です。お互いに農業振興という共通目的を持っている者同士、必ず一致点はあるはずです。農水省は、ＪＡが折角持っている地域振興の力を否定せず農業振興に活かすこと、一方、ＪＡは地域振興の力を今まで以上に農業振興に生かす努力をすることで両者が歩み寄り、一体となって活動していくことが重要です。

２．自立ＪＡの確立
― ＪＡ経営の意識改革と事業革新を！

⑴　組合員の願い・ニーズに依拠した活動

ＪＡが合併などで体制を整備してきたのは、総合ＪＡとしての自立JAの確立であり、そのことによって組合員の願いに応えることでした。組合員の願いは、営農活動による農業所得の向上と、生活活動によるより良い暮らしの実現です。このためＪＡは組合員に対して二つの支援活動を行っています。一つは組合員に対する営農支援活動であり、もう一つは組合員に対する生活支援活動です。

営農支援活動とは営農指導事業であり、また米・畜産・園芸などの販売事業、肥料・農薬・飼料などの購買事業のいわゆる経済事業と呼ばれるものです。信用事業における営農貸付なども営農支援活動です。また生活支援活動とは、貯金・住宅ローンなどの信用事業、人・家・車の共済事業などです。

このようにＪＡは総合事業を行うことにより、組合員の営農活動と生活活動の両方の支援を行っています。こうしたＪＡの活動は、1970年の「生活基本構想」の策定以来、古くから取り組んできており、組合員の営農と生活の改善はＪＡ活動の車の両輪となっています。

これに対して、農水省はＪＡが行う二つの事業のうち前者の営農支援活動のみをＪＡの事業とみています。後者の生活支援活動（信用・共済事業）は、ＪＡ事業とは位置づけていません。このため、将来的に信用事業と共済事業を総合ＪＡから分離しようとしているのです。

こうした農水省の指導姿勢は、官僚組織としての縦割り行政によるものです。「規制改革」が叫ばれていますが、そのキーワードは民間活力の活用であり、その一つに縦割り行政の弊害を是正していくことが指摘されています。農業は農業者、それも専業農業者のみを対象とする縦割り行政の考え方を民間の力で是正して行くことは、ＪＡにとって今日的に必要とされる大きな使命です。高齢者福祉対策、都市農業の問題などについても、民間組織たるＪＡの活動が主務省の範囲に収まりきらないのであれば、行政の方で省庁間の連携を取ってこうした取り組みを支援してもらいたいものです。

⑵ 経営者の意識改革と事業・経営革新

総合ＪＡはこれまで、経済事業、信用事業、共済事業などのほか、総合ＪＡだからこその、集落営農・農業生産法人の育成、農産物直売所、高齢者福祉活動などを行い、農業所得の向上と農業を通じた地域振興・活性化に大きく貢献してきています。

こうしたＪＡの諸活動は、組合員の協同活動で成り立っており、経済事業を中心とした各種事業の連携・連動でもたらされています。また、経営的にも一つの破たんＪＡも出さず健全経営に努めています。ＪＡの活動はＪＡと中央会・連合組織のトータルガバナンスのもとで達成されており、客観的に正しく評価されるべきです。

一方、ＪＡは農業振興と総合事業という二つの事業分野が法律で保証されており、しかも、地区内に競争相手のＪＡが存在しません。このため、ＪＡはともすれば、信用・共済事業依存や連合組織頼りの経営に陥りがちな側面を持ちます。一方で、農業振興についてはリスクが大きく、思い切った対策を打てないという事情があります。

ＪＡは農業振興のため様々な活動を行なっていますが、もちろん不十分な面もあります。とりわけ農業の担い手不足や高齢化の進行は深刻で、農業所得の確保・安定的な食料生産のためには、とくに営農支援活動の面でさらに踏み込んだＪＡの役割発揮が求められています。このため、政府が指摘するような買い取販売の強化など、卸売市場・量販店・直売所などの多様な販売ルートを通じた、責任を持った販売努力が必要になっています。

また、販売努力のみならず、今後はＪＡ自らが農業生産法人を実質的に経営したり、新規就農者や後継者育成のため、自らモデル農場を経営したりといった生産面に立ち入った対策を考えていくことが必要とされています。農業経営の確立は、もはや農家個人レベルの努力の域を超えていると思われるからです。さらに農業の６次化については、概念整理だけでは意味がなく、また支援のためのファンド創設だけでなく、生協などとの連携を視野に入れたＪＡ・連合組織による新たな協同会社の設立などＪＡグループがその主体となる取り組みが重要と思われます

こうしたＪＡの経営姿勢は、従来の組合員の協同活動に依存した経営から協同活動を基本にしながらも、ＪＡ自らが組合員の協同活動を地域全体でマネージメントする、いいかえれば社会的企業（Social Enterprise）経営への転換といっていいかもしれません。先進JAではそうした取り組みはすでに始まっています。

こうした事業・経営革新のためには、何よりもＪＡ経営者の意識改革が求められます。協同組合の父と呼ばれるロバート・オウエンは紡績工場の優れた経営者でしたし、ドイツの

ライフアイゼン、日本の賀川豊彦も優れた事業革新能力を持つ協同組合の指導者でした。

経営について、会社が不特定多数の顧客のニーズに応えるため事業を行うのに対して、協同組合は組合員のニーズに協同の力で応えるという違いはありますが、経営者にはともに独創的で時代を切り拓く事業開発能力が求められるのに変わりはありません。協同組合にも優れた協同組合企業経営者が必要とされるのです。

【参考資料】

資料① 「協同組合原則」

「95年原則」：協同組合のアイデンティティに関するICA声明

【定義】

協同組合とは、人びとが自主的に結びついた自律の団体です。人びとが共同で所有し、民主的に管理する事業体を通じ、経済的・社会的・文化的に共通して必要とするものや強い願いを充たすことを目的にしています。

【価値】

協同組合は、自助、自己責任、民主主義、平等、公正、連帯という価値に基づいています。組合員は、創始者達の伝統を受け継いで、正直、公開、社会的責任、他人への配慮という倫理的価値を信条としています。

【原則】

協同組合は、その価値を実践していくうえで、以下の原則を指針としています。

【第１原則】自主的で開かれた組合員制

協同組合は、自主性に基づく組織です。その事業を利用することができ、また、組合員としての責任を引き受けようとする人には、男女の別や社会的・人種的・政治的あるいは宗教の別を問わず、誰にでも開かれています。

【第２原則】組合員による民主的な管理

協同組合は、組合員が管理する民主的な組織です。その方針や意思は、組合員が積極的に参加して決定します。代表として選ばれ役員を務める男女は、組合員に対して責任を負います。単位協同組合では、組合員は平等の票決権（一人一票）を持ち、それ以外の段階の協同組合も、民主的な方法で管理されます。

【第３原則】組合財政への参加

組合員は、自分達の協同組合に公平に出資し、これを民主的に管理します。組合の資本の少なくとも一部は、通例、その組合の共同の財産です。加入条件として約束した出資金は、何がしかの利息を受け取るとしても、制限された利率によるのが通例です。

剰余は、以下のいずれか、あるいは、全ての目的に充当します。

- できれば、準備金を積み立てることにより、自分達の組合を一層発展させるため。なお、準備金の少なくとも一部は分割できません。
- 組合の利用高に比例して組合員に還元するため。
- 組合員が承認するその他の活動の支援に充てるため。

【第４原則】自主・自立

協同組合は、組合員が管理する自律・自助の組織です。政府を含む外部の組織と取り決めを結び、あるいは組合の外部から資本を調達する場合、組合員による民主的な管理を確保し、また、組合の自主性を保つ条件で行います。

【第５原則】教育・研修、広報

協同組合は、組合員、選ばれたれた役員、管理職、従業員に対し、各々が自分達の組合の発展に効果的に寄与できるように教育・研修を実施します。協同組合は、一般の人びと ― なかでも若者・オピニオン・リーダーにむけて協同の特質と利点について広報活動を行います。

【第６原則】協同組合間の協同

協同組合は、地域、全国、諸国間の、さらには国際的な仕組みを通じて協同することにより、自分の組合員に最も効果的に奉仕し、また、協同組合運動を強化します。

【第７原則】地域社会への係わり

協同組合は、組合員が承認する方針に沿って、地域社会の持続可能な発展に努めます。

（ＪＡ全中訳）

資料②　「規制改革実施計画」（抄）

④農業協同組合の見直し

　地域の農協が主役となり、それぞれの独自性を発揮して農業の成長産業化に全力投入できるように、抜本的に見直す。

　今後５年間を農協改革集中推進期間とし、農協は、重大な危機感をもって、以下の方針に即した自己改革を実行するよう、強く要請する。

　政府は、以下の改革が進められる法整備を行う。

No.	事項名	規制改革の内容	実施時期	所管省庁
14	中央会制度から新たな制度への移行	農協改革については、農協を取り巻く環境変化に応じ、農協が農業者の所得向上に向けて経済活動を積極的に行える組織となるよう、的確な改革を進めるため、以下の方向で検討し、次期通常国会に関連法案を提出する。 ・農協法上の中央会制度は、制度発足時との状況変化を踏まえて、他の法人法制の改正時の経過措置を参考に適切な移行期間を設けた上で現行の制度から自律的な新たな制度に移行する。 ・新たな制度は、新農政の実現に向け、単協の自立を前提としたものとし、具体的な事業や組織の在り方については、農協系統組織内での検討も踏まえて、関連法案の提出に間に合うよう早期に結論を得る。	平成26年度検討・結論、法律上の措置が必要なものは次期通常国会に関連法案の提出を目指す	農林水産省
15	全農等の事業・組織の見直し	全農・経済連が、経済界との連携を連携先と対等の組織体制の下で迅速かつ自由に行えるよう、農協出資の株式会社（株式は譲渡制限をかけるなどの工夫が必要）に転換することを可能とするために必要な法律上の措置を講じる。 その上で、今後の事業戦略と事業の内容・やり方を詰め、独占禁止法の適用除外がなくなることによる問題の有無等を精査し、問題がない場合には株会社化を前向きに検討するよう促すものとする。	平成26年度検討・結論、法律上の措置が必要なものは次期通常国会に関連法案の提出を目指す	農林水産省
16	単協の活性化・健全化の推進	単協の経済事業の機能強化と役割・責任の最適化を図る観点から、単協はその行う信用事業に関して、不要なリスクや事務負担の軽減を図るため、ＪＡバンク法に規定されている方式（農林中央金庫（農林中金）又は信用農業協同組合連合会（信連）に信用事業を譲渡し、単協に農林中金又は信連の支店を置くか、又は単協が代理店として報酬を得て金融サービスを提供する方式）の活用の推進を図る。 あわせて、農林中金・信連は、単協から農林中金・信連へ事業譲渡を行う単協に農林中金・信連の支店・代理店を設置する場合の事業のやり方及び単協に支払う手数料等の水準を早急に示すことを促す。 全国共済農業協同組合連合会（全共連）は、単協の共済事業の事務負担を軽減する事業方式を提供し、その方法の活用の推進を図る。 また、単協が、自立した経済主体として、経済界とも適切に連携しつつ積極的な経済活動を行って、利益を上げ、組合員への還元と将来への投資に充てていくべきことを明確化するための法律上の措置を講じる。 さらに、単協が農産物販売等の経済事業に全力投球し、農業者の戦略的な支援を強化するために、下記を含む単協の活性化を図る取組を促す。	平成26年度検討・結論、法律上の措置が必要なものは次期通常国会に関連法案の提出を目指す	農林水産省 金融庁

		・単協は、農産物の有利販売に資するための買取販売を数値目標を定めて段階的に拡大する。 ・生産資材等については、全農・経済連と他の調達先を徹底比較して、最も有利なところから調達する。		
17	理事会の見直し	農業者のニーズへの対応、経営ノウハウの活用及びメンバーの多様性の確保を図るため、理事の過半は、認定農業者及び農産物販売や経営のプロとする。 併せて次世代へのバトンタッチを容易にするために、理事への若い世代や女性の登用にも戦略的に取り組み、理事の多様性確保へ大きく舵を切るようにする。	平成26年度検討・結論	農林水産省
18	組織形態の弾力化	単協・連合会組織の分割・再編や株式会社、生協、社会医療法人、社団法人等への転換ができるようにするための必要な法律上の措置を講じる。 なお、農林中金・信連・全共連は、経済界・他業態金融機関との連携を容易にする観点から、金融行政との調整を経た上で、農協出資の株式会社（株式は譲渡制限をかけるなどの工夫が必要）に転換することを可能とする方向で検討する。	平成26年度検討・結論、法律上の措置が必要なものは次期通常国会に関連法案の提出を目指す。ただし、農林中金・信連・全共連は平成26年度検討開始	農林水産省 金融庁
19	組合員の在り方	農協の農業者の協同組織としての性格を損なわないようにするため、准組合員の事業利用について、正組合員の事業利用との関係で一定のルールを導入する方向で検討する。	平成26年度検討開始	農林水産省
20	他団体とのイコールフッティング	農林水産省は、農協と地域に存在する他の農業者団体を対等に扱うとともに、農協を安易に行政のツールとして使わないことを徹底し、行政代行を依頼するときは、公正なルールを明示し、相当の手数料を支払って行うものとする。	平成26年度検討・結論	農林水産省

福間莞爾（ふくま　かんじ）

1943年生まれ。農業・農協問題研究家。元㈶協同組合経営研究所理事長。農業経済学博士。

〈著書〉

＊『転機に立つJA改革』㈶協同組合経営研究所2006年
＊『なぜ総合JAでなければならないか―21世紀型協同組合への道』全国協同出版2007年
＊『現代JA論―先端を行くビジネスモデル』全国協同出版2009年
＊『信用・共済分離論を排す―総合JA100年モデルの検証と活用』日本農業新聞2010年
＊『これからの総合JAを考える―その理念・特質と運営方法』家の光協会2011年
＊『JA新協同組合ガイドブック』〈組織編〉全国共同出版2012年
＊『新JA改革ガイドブック―自立JAの確立』全国共同出版2014年

〈インタビュー集〉

＊『変革期におけるリーダーシップ』（協同組合トップインタビュー）㈶協同組合経営研究所2005年

〈現住所〉

〒335－0022　埼玉県戸田市上戸田3－8－18－902
携帯電話：090(2331)9716　ファックス：048(433)0879
電子メール：k.fukuma@sepia.plala.or.jp

「規制改革会議」・ＪＡ解体論への反論
―世界が認めた日本の総合ＪＡ―

2015年1月5日　第1版第1刷発行
2015年2月25日　第1版第4刷発行

著　者　福　間　莞　爾
発行者　尾　中　隆　夫
発行所　全国共同出版株式会社
〒160-0011　東京都新宿区若葉1-10-32
電話 03(3359)4811 FAX 03(3358)6174

印刷所　新灯印刷株式会社